Christiane Hörbiger
Gerhard Tötschinger

Der Mops ist aller Damen Freude …

Christiane Hörbiger
Gerhard Tötschinger

Der Mops ist aller Damen Freude…

Unser Leben mit
Vicco & Loriot

Langen*Müller*

© 2016 Langen*Müller* in der
F. A. Herbig Verlagsbuchhandlung GmbH, München
Alle Rechte vorbehalten
Umschlaggestaltung: Wolfgang Heinzel
Umschlagfoto: Thomas Ramstorfer
Gesetzt aus der New Aster 12,5/18 pt
Druck und Binden: Polygraf Print spol. s.r.o.
Printed in the EU
ISBN 978-3-7844-3411-7

www.langen-mueller-verlag.de

Inhalt

Vorwort

Weil wir Wilhelm Busch aus Gründen der Courtoisie korrigiert haben, eine Erklärung zu Beginn. Mit dem Mops schafft man sich Freunde, beim Spaziergang, im Park, in Gesellschaft. Er ist eben nicht nur »alter Damen« Freude, sondern, siehe Titel, aller Damen.

Diese alte Dame ist ebenso wenig typisch wie ihr korpulentes Haustier. Und ebenso wenig wie die Mitteilung der ersten Zeile – »Die Maus tut niemand was zuleide ...«. Umfragen bei Speisekammerbesitzern werden das nicht bestätigen, die sehen das anders. Und auch die zweite Zeile führt zu Widerstand, denn korrekt lautet sie ja: »Der Mops ist alter Damen Freude.« Dem haben wir aber Rechnung getragen, auch junge Damen und alte Herren haben ihre Freude an dem einen oder anderen Mops. Diesbezügliche Äußerungen von Herrn Alfred Brehm mögen als Beweis für den unwissenschaftlichen Wert seiner kleinen Buchreihe *Tierleben* dienen, siehe dazu das Zitat im Kapitel *Nun wird abgerechnet!!*, Seite 100 f. Wilhelm Busch hat nicht nur diesen Maus/Mops-Zweizeiler verfasst, er widmet einer Dame und ihrem geliebten Hund eine ganze Geschichte. Aber die zeigen wir lieber nicht, sie ist sehr traurig. Der Mops wurde zu intensiv gefüttert, ein »Hundefänger« schnappt ihn und brät ihn. Von Schnick ist nur die Haut übrig geblieben, die nun, ausgestopft, auf einer Kommode steht. Die letzte Zeile bringt die Lehre:

Hier steht der ausgestopfte Schnick.
Wer dick und faul, hat selten Glück!

Der Mäusethurm.

Die Maus tut niemand was zuleide,
Der Mops ist alter Damen Freude.

Gedichte wie dieses, aber eben weniger traurigen Inhalts wird die Leserschar hier immer wieder finden – und Historisches zum Thema, denn der Autor hofft, dass sein persönliches Interesse an jeder Art von Geschichte sich auf sein Publikum überträgt.

Und noch eine Randbemerkung: Auch der Text auf dem Umschlag dieses Büchleins hat schon gewarnt, hier also noch einmal: Das ist kein Fachbuch für Kenner, es ist ganz und gar für Freunde dieses Hundewunders gedacht; es will keinerlei Ratschläge geben und sich damit wichtigmachen, auch wenn die eine oder andere Erfahrung in Ratnähe kommt. Warum also dieses Büchlein??

Weil man gerne an seinen seltsamen kleinen Kameraden denkt, diese Gedanken gerne mit anderen Mopsianern teilt. Manche Menschen lieben ihren Basset, andere ihren Collie, wir lieben unsere Mopshunde. Eine andere Erklärung ist nicht zu finden. Also Schluss mit Präambel und hinein ins volle Mopsleben!

Wie hat das alles denn begonnen?

Wir hatten unsere Hunderfahrungen – ich mit einem Wolfsspitz und einem Rauhaardackel, Christiane mit einem Boxer. Jahrelang haben wir uns gewünscht, wieder einen Hund im Haus zu haben, aber leider, die Berufe ... Von Jahr zu Jahr haben wir den Plan verschoben, haben manchmal darüber gesprochen, haben uns unzählige Meinungen und Ratschläge von Freunden und Fremden angehört.

Einer meiner engsten Freunde, Kammersänger, war für Rottweiler – denn er hatte im Laufe seines Lebens immer nur Rottweiler. »Eine Seele von einem Hund! Der passt zu dir, ideal, bitte glaub mir!« – Aber der Rottweiler, auch von mittlerer Größe, ist ja nur für Großbauern und Rittergüter denkbar, nicht für Stadtwohnungen, und auch nicht für Damen mit fragiler Statur.

»Glaub mir, Dackel, Dackel und wieder Dackel!« – Aha.

»Ach, ihr denkt, so eine Wohnung ist zu klein für Hunde. Was ist mit Chihuahuas?« Meine Schwägerin Maresa hat gleich zwei. Die passen pro Stück in eine Manteltasche. – Nein, auch nicht.

»Also, mir wäre am liebsten ein Mo...« – »Bist du verrückt, die sind soo hässlich!« – »Das kann ich nicht finden. Manche Menschen finden sie sogar schön, dazu gehöre ich!« – »Egal, aber keinen Mops!! Möpse schnarchen!!« – Soll er. Ende der Debatte.

Das ging so lang, bis Christiane eines Tages sagte: »Also, ich bin jetzt über siebzig, ich werde weniger arbeiten, dafür will ich jetzt wirklich einen Hund!« Ich habe keinen Widerspruch gewagt, und schließlich wollte ja auch ich einen Hund – aber welchen?? Siehe oben. Nun begann die interne Meinungsforschung. Da hat nun Christianes Boxer-Erinnerung eine Entscheidung bewirkt – keine spitze Schnauze, ein eher flaches Antlitz. Aber so ein großer Boxer in einer Wohnung in der Wiener Innenstadt, nein, das kann man ihm nicht zumuten. Der Mops hat aber nicht nur eine nicht so umfangreiche Kubatur, er hat mit seinem flachen Gesicht sogar eine ganz ferne Ähnlichkeit mit dem Boxer. Und natürlich hat mich meine massive Verehrung für Vicco von Bülow ohnehin schon lange mit Mops-Interesse erfüllt. Jetzt also – Mops ja. Aber wie? Wochenlange Befassung mit Fachliteratur, befreundete Hundebesitzer um Rat fragen, im Internet sich über die Züchter informieren. Aus deren Schar wurde uns eine Adresse in Kärnten immer wieder genannt, ja sehr empfohlen, und so wurde endlich für die Goldhauben-Zucht entschieden, in St. Stefan bei Wolfsberg. Der Ortsname passt, denn der Mops heißt ja in der Welt der Wissenschaft Canis lupus familiaris, also Wolfshund, freundlich, als guter Begleithund charakterisiert.

Es sollte ein Mann werden, das war unser Wunsch, und beige. Die Goldhauben-Züchter erwarteten für den kommenden Oktober eine Erweiterung ihres Welpenstandes, nun hieß es also zu warten. Und tatsächlich kam am 13. Oktober in Wolfsberg ein blonder Rüde zur Welt, an Christianes Geburtstag, sehr aufmerksam vom Schicksal. Sie konnte an diesem Tag noch nicht wissen, dass sie bald von der Teilzeithausfrau zur Vollzeitrudelführerin mutieren würde.

Drei Monate sind als Wartefrist vorgesehen, dann darf der Neuankömmling seine Familie wechseln. Mitte Jänner haben wir ihn abgeholt, haben ihn aus der großen Schar von Tanten und Onkeln und Geschwistern in unsere winzige Zweibeinergruppe übernommen – und hatten ein schlechtes Gewissen. Der Kleine musste doch seiner Mutter abgehen,

und sie würde ihm fehlen! Man hat uns beruhigt, er werde sich sehr schnell an uns gewöhnen.

Eine andere Frage hatte uns schon lang vorher beschäftigt – der Name. Martialisches wie Hasso oder Samson oder Nero war schnell aus dem Rennen, ebenso wurde der Vorschlag des männlichen Mitbewohners abgelehnt – Argos, nach dem treuen Hund des Odysseus. Auf der Strecke blieb auch der

Hundename des ebenso treuen Casanova-Beglei-
ters Melampygos. Aber das heißt Schwarzhintern,
und bei Mopsen ist doch das geografische Gegenteil
der Fall …

Diese ganze Diskussion erwies sich als Spiegelfech-
terei und war sinnlos, denn die Projektleiterin hatte
längst ihre Idee und ließ sie sich auch bei der zehn-
ten Anfrage nicht entlocken. Nur ein kleiner Tipp

wurde gegeben – »Geh in die Wollzeile, dann kommst du drauf!«

Also auf in diese lebendige Straße im Zentrum von Wien, Christianes Lieblingsweg, den Blick auf alle Geschäftsschilder und Reklametafeln gerichtet. Hmm … Aida, nein, es ist ja ein Mann. Heiner – gut für eine Traditionskonditorei oder für einen Herrn im hohen Norden, nicht denkbar für unseren künftigen Mitbewohner von der Grenze zu Slowenien. »Herzilein, Kindermode« – ganz falsch, Herzilein!! Morawa – geht auch nicht. Oder doch? Das wäre doch sehr wienerisch, ein Hund mit einem böhmischen Namen, aber dann lieber gleich Powondra oder Travnicek, gibt es aber nicht in der Wollzeile … Was also??? Mhm, Morawa, Buchhandlung, mein Blick fällt in die Auslage, vielleicht liegt ja mein neues Buch da, nein, leider, wieder einmal nicht … andere Bücher und ein riesiges Foto, eleganter älterer Herr, Idol nicht nur für mich, der beliebteste Deutsche, der Minnesänger unserer Hunderasse – »Christiane!!! Ich hab's!! Loriot?« – Voll-treffer.

So also wird der neue Mitbewohner heißen, eine Hommage an den Schöpfer der Lebensregel: »Ein Leben ohne Mops ist möglich, aber sinnlos.« Ein Satz, bekannt wie sonst nur Klassisches – »Fest ge-mauert in der Erden …« oder »Der Rest ist Schwei-gen.«

Allerdings hätten wir diesen Erstling auch anders nennen können, denn es gibt von einem anderen Meister der deutschen Sprache einen verwandten Ausspruch – von Heinz Rühmann: »Man kann auch ohne Hund leben, es lohnt sich nur nicht.« Aber Loriots Satz sitzt besser, und es geht nicht um irgendeinen Hund, es geht um den Mops. Und ich hätte ungern unseren Hund »Rühmann!!!« gerufen.

Erfahrungen

Der Mops liebt erhöhte Plätze – und die sind in einer Wohnung kaum vorhanden, oder nicht gestattet, weil eben der Klavierdilettant und Hausherr niemanden auf seinem Instrument sitzen sehen will. Man könnte allerdings einen kleinen Hügel aufschütten, doch bis er seine Leute so weit hat, behilft sich der Mops und legt sich souverän und unbesiegbar zwischen zwei Räume, auf die Schwelle. Auf diese Weise hat er immerhin eine partielle Übersicht über seinen Wirkungsbereich, denn niemand kann an ihm ungesehen vorbei, von Raum A nach Raum B. Gutes Zureden kommt nur dem Mopsgreenhorn in den Sinn, es führt zu gar nichts.

Sitzt mops im Auto, wird der Wunsch nach dem erhöhten Platz ein Problem. Loriot hat für die Viertelstunden, da wir zu dritt (hier greife ich aus Gründen der Dramaturgie der Geschichte etwas vor) auf die Rudelchefin warten, die irgendwelche Wege beschreitet, die nur für Menschen zugelassen sind, einen Stammplatz. Er setzt sich augenblicks auf meine Knie, spielt Herrenfahrer, den Blick über die Kühlerhaube auf die Fahrbahn gerichtet, erhebt sich zu voller Länge und übernimmt auch das Lenkrad. Radio zu hören oder zu telefonieren ist jetzt nicht möglich, von seiner Zentrale aus kann Loriot alles unterbinden und verhindern. Plötzlich ein Telefon – »Servus, du hast mich angerufen??« Habe ich aber nicht. Loriot hat von seiner Kommandostelle aus irgendwo draufgedrückt, auf eine Telefonnummer.

Vicco freilich hat für Wartezeiten eine andere Lösung gefunden – mit seiner Ideologie »Alles oder nichts!«. Er steigt so hoch es nur geht – über die

Mittelkonsole und meinen rechten Arm als Basislager auf meine rechte Schulter, eine Zwischenstation, und nimmt darauf den Gipfel, meinen Kopf. Dort stützt sich Vicco mit den Vorderhänden ab, linke und rechte Hinterhand bleiben auf der Schulter. Höher zu steigen ist nicht möglich, das verhindert die Wagenhöhe.

Auch zu diesem Thema hat sich die Dichtkunst etwas einfallen lassen – Christian Morgenstern:

Mopsenleben

Es sitzen Möpse gern auf Mauerecken,
die sich ins Straßenbild hinaus erstrecken.
Um von sotanen vorteilhaften Posten
Die bunte Welt gemächlich auszukosten.
O Mensch, lieg vor dir selber auf der Lauer,
sonst bist du auch ein Mops nur auf der Mauer.

Als wir seinerzeit für jene Tage voller Arbeit, an denen wir keine Chance haben, dem Spaziergang mit Loriot zu obliegen, eine für beide Teile, Mops und Mensch, akzeptable Lösung suchten, erfuhren wir von der Mopspension Hemer. Sie ist im 14. Gemeindebezirk von Wien etabliert, Baumgartner Höhe. Der Präsident des Mopsclubs hatte sie empfohlen, Herr Kommerzialrat Hallwirth. Vielleicht haben wir ihn schon einmal genannt, ein Inbegriff von Herr mit so massiver Mopsaffinität, dass man sich vorstellen könnte, er werde eines Tages das Kafkaschicksal des Gregor Samsa nachvollziehen, eben auf seine Weise. »Als Herbert Hallwirth eines Morgens aus unruhigen Träumen erwachte, fand er sich in seinem Bett zu einem schwarzen Mops verwandelt.«

Wir folgten dem Rat des erfahrenen Fachmanns und fuhren los. Ein schönes weites Gebiet, Stadt, aber inmitten von Natur, zahllose Schrebergärten, zu Deutsch: Laubenkolonien. Hemers haben einen besonders großen Garten und ein überdimensionales Gartenhaus – kein Wunder, denn sie haben ja selbst gleich drei Mopse. Alle drei begrüßen uns, umwedeln uns – und haben dasselbe mit Loriot vor. Der aber ist ein stiller Herr von souveräner Vornehmheit. Die drei Mopsdamen sind ihm nicht so wichtig – schnell hören sie auf, ihn zu umtanzen. Dann laufen sie ins Haus, wollen ihn mitnehmen – Loriot will nicht. Er geht, wann und wohin er selbst es will. Und jetzt will er nicht in dieses neue Haus, er muss sich erst einmal den Garten ansehen. Zu diesem Zweck schreitet er ein Hügelchen empor, von einem Minigipfel gekrönt, der wird erklettert. Und von oben, mit der bestmöglichen Übersicht, begutachtet Loriot die Baumgartner Höhe. Er wirkt zufrieden, macht sich an den Abstieg, und jetzt ist er auch bereit, das Haus zu inspizieren. Die drei Damen sind inzwischen in den Garten zurückgekehrt und tun, was sie am liebsten tun: sie liegen in der Sonne, wenn die nicht um die Mittagszeit zu

kämpferisch ist. So kann also Loriot in Ruhe Raum für Raum besichtigen. Die Visite dürfte erfolgreich verlaufen sein, ab sofort wird uns der Besuch der Baumgartner Höhe bewilligt – von Loriot, wohlgemerkt!!

Der alte Herr, dem der Garten und einer der drei Mopse gehören, der schwarze, die anderen sind Gefolge seiner Frau, sagt uns einen seiner Lieblings-

sätze – »Ein Mops ist kein Haustier, das is' a Welt-
anschauung.« Richtig. Übrigens – bei mir heißt es
Mops, allenfalls Mopshund, also Mopse und eventuell Mopshunde. Mit dem Plural ist schon zu viel
Schindluder getrieben worden, gebrauche »Möpse« – wer mag, ich nicht.

Einige Wochen später die Probe aufs Exempel –
Loriot ist zu Gast auf der Baumgartner Höhe, ein

glücklicher Mops. Also auch diese Entscheidung war richtig, alle Beteiligten, Mops und Mensch, sind derselben Meinung. Freilich, jetzt wissen wir, wie einem zumute sein kann, wenn der ständige Begleiter für Tage im Haushalt und seinen Menschen fehlt. Er geht uns grauenhaft ab.

Die Mopsgastgeberin Christa Hemer ist zu unserem Glück sowohl zu uns als auch zu ihrem vierbeinigen Gast freundlich, ja mehr noch, sie ist vernarrt in Loriot und widmet ihm eine Fotoreihe! Louvre, Litfaßsäule, Plakatwand, alles mit Loriot im Mittelpunkt! Und jetzt wird also auch Vicco in ihr Herz finden. Auf jeden Fall wird er zu den Gastgebermopshunden finden, denn wenn sie zu fünft sind – drei mit Hausrecht, zwei als Gäste –, wird der Spaß ja noch einmal gesteigert!

Loriot ist stur. Das wird wohl schon durch die letzten Absätze klar. Dass Hunde ihren eigenen Charakter haben, hat man bald begriffen. Nun mag der Neuling denken, das sei von Rasse zu Rasse verschieden – falsch. Es ist von Hund zu Hund verschieden. Vicco verlangt von früh bis spät nach allem, was es nur zu verlangen gibt. Er kämpft um seine Rechte, nein, er überschreitet auch seine Grenzen und hat wenig Respekt vor den Rechten des Mitmopses. Halt, von Vicco muss ja erst noch berichtet werden!

Ein Mops kommt selten allein ...

Er hat Gesellschaft gern – die menschliche, aber auch die mithündliche, er schließt sich gerne an Gruppen an, Ausnahmen werden die Regel bestätigen, siehe Loriot und seine Arroganz auf der Baumgartner Höhe. Aber bitte, der ist überhaupt anders. Hingegen Vicco! Den aber hat es noch gar nicht gegeben, als ich dieses Kapitelüberschriftlein konzipierte. In einem Buch, in einem Zeitungsartikel, irgendwo haben wir den Satz gelesen – »Zwei sind nicht viel mehr Arbeit, aber die doppelte Freude.« Also avanti!

Halt, Zitat gefunden, im absoluten Fachbuch, korrekt lautet es: »Zwei Welpen machen dreifaches Vergnügen, aber kaum mehr Arbeit als nur einer.«

Abermals Befragung des Mopsgurus Kommerzialrat Hallwirth, und wieder ein, wie sich bald erwies, ausgezeichneter Rat. In Ungarn habe eine Zucht vor einigen Wochen einen blonden Mopsmann gemeldet, da müssten wir nicht lange warten. Ich bin ein bissl ein Ungar, also a priori Sympathie, und dann das Telefongespräch mit der Züchterin. Sie war zu unserem Glück des Deutschen weit mehr mächtig als ich des Ungarischen. Wir haben einen Termin vereinbart, und Budapester Freunde haben uns zu einem Nachtquartier verholfen. So reisten wir Ende September an den Balaton – Loriot konnte nicht ahnen, was ihn erwartet.

Balatonlelle ist ein kleiner Badeort, der etwas entfernte Erinnerungen ans Mittelmeer zulässt, auch noch im melancholischen Spätsommer. Zu bleiben war uns nicht möglich, so gern wir einige Tage am Plattensee verbracht hätten. Die Züchterin war bereit, andere magyarische Mopse beäugten uns – was

machen die da? Der Neuzugang war, das hatten wir erwartet, von großem Charme, ergo Liebe auf den ersten Blick, hoffentlich wechselseitig.

Der Tierarzt war verständigt worden, die amtlichen Papiere waren vollständig – sagen Sie jetzt nicht: »Eh klar!« Das ist es nämlich nicht!! Man mag denken – ich bin schlau, ich zahle doch nicht so viel Geld, hoppla, da gibt es doch diese Händler mit den Schuhschachteln, diese winzigen Hunde sind genauso herzig!! Kann man machen, soll man nicht, geht meistens daneben. Die amtlichen Papiere sind zwar Papiere, aber nicht amtlich, das Gesundheitszeugnis ist eventuell ein Kochrezept in kyrillischer Schrift, der Stempel stammt vom Flohmarkt. Hände weg!!! Im Internet sind Mopse unter WILLHABEN in Kunstharz, Holz, Keramik, als Vasen, als Schlüsselanhänger zu finden, alles gut, es werden aber auch lebende, echte Hunde angeboten, um 700 € und noch weniger, kein Kommentar.

Um das Thema ein wenig fröhlicher enden zu las-

sen, eine kurze Geschichte von Roda Roda. Ein
Mann hat einen Jagdhund erworben, in der Jäger-
sprache Schweißhund. Er schreibt der Tierhand-
lung namens Schindler einen erbosten Brief:
»Herr Schindler! Das W, das in Ihrem Namen fehlt,
ist bei Ihrem Hund zu viel!!«
Also Vorsicht!
Vicco, der noch nicht weiß, dass er so heißt, sitzt

winzig und herzig im Auto. Loriot ist sehr aufge-
regt und neugierig! Das Reiseziel, auf der anderen
Seite des Balaton, ist Château Visz, mitten im Wald,
an einem Teich, ein Schloss, wie es sich gehört.
Die ersten Stunden mit Vicco bestehen aus Schau-
en, Lächeln, Fotografieren, bei den Zweibeinern!
Loriot hingegen verteidigt seine alten Rechte, die
der winzige Vicco ihm ohnehin nicht einschränken

kann, noch nicht! Das Machtritual setzt ein – *le Mops, c'est moi!!* Noch ist Loriot in der Pluskiste!

Und dann beginnt die Routine. Der Neuzugang ist vom Start weg selbstsicher, er fordert ständig und hält die Erfüllung seiner Forderungen für selbstverständlich. Vom ersten Tag an erkennen wir in ihm den mit Paprika aufgezogenen Rebellen, der auf merkwürdig transzendente Weise sich darüber im Klaren ist, dass er, bittaschön, aus UNGARLAND stammt. Er kämpft, kaum wohnt er bei uns, um alles, und er bekommt auch alles. Das war so von den ersten Tagen an, und so ist es geblieben. Vicco kann sogar eine fordernde Miene machen – ganz anders als Loriot. Der schaut bittend, hoffend, mitleiderflehend, erwartungsvoll, aber niemals fordernd.

Loriot ist sogar bereit, seine Mahlzeiten mit Vicco zu teilen, ja, zu tauschen! Das ist nicht immer sehr gut, vor allem, wenn die Futterwahl tierärztliche

Ursachen hat. Wenn die beiden unbemerkt dann das Futter tauschen, kann das dazu führen, dass Vicco, an sich schon stubenrein, einen Rück- bzw. Durchfall erlebt. Unsere Freundin Ingrid nennt diesen Zustand »straßenrein«, denn das große Geschäft wird dann gerne in den eigenen vier Wänden erledigt, die Straße bleibt ungelöst. Diese Tausch-

aktionen gehen meistens von Vicco aus, Loriot liegt
das nicht. Liegt dann das Stoffwechselendprodukt
mitten im Biedermeier, muss man damit umgehen,
und wenn man nicht selbst dazu in der Lage ist,
weil man konzentriert an einem Mopsbuch schreibt,
bleibt nur der Hilferuf an die Rudelchefin – »Christiane, deine Steckenpferde haben einen Gruß aus

der Natur abgegeben.« In glücklichen Momenten verbunden mit einem kleinen musikalischen Zitat – der deutsche Text des Hirtenblues von Sidney Bechet: »Das ist der Hirtengruß, der von den Bergen schallt, ein kleiner Hirtengruß aus der Natur ...«

Zum Thema Natur noch eine Bemerkung: Die Warnung, ein Mops schnarcht! Unsinn! Wie laut wären dann die Schlafgeräusche von zwei Mopsen!! Gewiss, sie geben ein etwas intensiveres Atemgeräusch von sich, aber das klingt nicht wie Schnarchen. Es kann in seiner Gleichmäßigkeit etwas geradezu Beruhigendes haben. Gregor von Rezzori hatte die Gewohnheit, einen seiner Mopse zum Mittagsschlaf mitzunehmen, siehe das Zitat auf den Seiten 97/98.

Überhaupt verfügt der Mops über andere Wege der akustischen Verständigung als andere Hunde. Er murmelt zeitweise und er dankt für menschliche Behandlung sogar mit einer Art von Schnurren.

Die Rudelführerin stellt sich gerne vor, es käme die gute Märchenfee, berührte die Herren Mopse mit

ihrem Zauberstab und macht Menschen aus ihnen. Dann wird aus Loriot ein katholischer Prälat voll Würde, aus Vicco ein kommunistischer Gewerkschaftsboss. Das wird noch dadurch unterstrichen und deutlich, dass das jüngste Rudelmitglied hektisch wird, sobald Kirchenglocken zu hören sind. Die mag Vicco nicht, bellt wie närrisch, aber Loriot lässt sich nicht anstecken.

Freilich, wenn auch wirklich große Hunde näher kommen, wird Loriot aufmerksam, wartet, bis sie vorbei sind, und wird dann hysterisch. Dann bellt er sie an, post festum, aber er neigt nicht zu ernsthaften Kämpfen, zum Glück. Vicco macht vielleicht aus Lebensfreude kurz mit, aber sie sind ihm nicht so wichtig. Anders ist es mit Tieren im Fernsehen – das mögen Dromedare sein, ein Chamäleon, andere Hunde, ein Adlerhorst. Loriot tobt. Vicco keinesfalls, auch nicht zur Unterstützung. Er kommt zwar aus der Puszta, hält Büffel und wilde Pferde für ganz normal, aber da war er ja noch so klein ...?

Jedenfalls bleibt er ruhig vor dem TV-Gerät liegen. Loriot hingegen bellt, aber schon sehr, und beobachtet – geht der zweidimensionale Feind aus dem Bild, läuft Loriot ins Nebenzimmer, dort steckt der Kerl jetzt wahrscheinlich.

Loriot ist auch wählerisch, was sein Futter betrifft. Das simple Leckerli, ich suche mit Nachdruck nach einem weniger dummen Ausdruck dafür, ist tagelang Ziel seiner Wünsche – und plötzlich von heute auf morgen wendet er sich ab, wird es ihm angeboten.

Der allmorgendliche Apfelanteil der beim Frühstück geduldeten Zweibeiner ist ihm ein würdevoll akzeptiertes Zubrot – bis er stirnrunzelnd ablehnt, unbegreiflich. Vicco hingegen – nehmen, was nur geht. Wenn der Mops Loriot die um Futterakzeptanz bettelnde Menschenhand misstrauischer Prüfung unterzieht – zack, ist Vicco da und holt sich,

was zu holen ist, während Loriot noch meditiert.
Ist einer der Zweibeiner an solchem Morgen nachdenklich, vielleicht sogar traurig – Loriot spürt das.
Zwar hat er alles wie immer bekommen, aber ir-
gendwas ist nicht wie immer – und so sitzt er und
sieht uns an und ist bekümmert. Wer keine Bezie-
hung zu Hunden hat, mag sagen, ich bildete mir
das alles nur ein. Falsch.

»Man hat entweder a G'wand oder an Hund ...«

Davon ahnt das Mopsgreenhorn wohl nichts – und weiß es doch bald. Auf dem Gebiet der Kleidung findet ein umfassendes Umdenken statt. Nichts mit Rot, Grün, Blau, wie es einen eben sonst freut. Der schwarze Mops, hört man, macht da weniger Sorgen, verliert nicht so viel Haare. Der blonde aber – es empfehlen sich nun Khaki-Anzüge, hellbraune Pullover, eventuell allgemein Kleidung in Brauntönen. Da wird man sich auch nicht immer an die norddeutsche Warnung halten können: »Braun und Blau trägt die Sau« – manchmal bleibt nichts mehr im Kleiderkasten als Braun mit Blau. Auch die langjährige Befolgung des ungeschriebenen Gesetzes »Never brown after six« weicht dem immer wieder gehörten Warnsatz: »Man hat entweder a G'wand oder an Hund ...«

Und das trifft vor allem für den Mops zu. Die menschlichen Sklaven anderer Hunderassen kennen, hört man, das Problem nicht in diesem Umfang. Dass man sich bei bestimmten Stoffarten als zusätzliches Vergnügen das eingefangene Mopsfell Haar für Haar aus dem Anzug klauben kann, ist eine weitere Delikatesse. Konsequent wäre es, militärische Tarnanzüge zu tragen, in denen ja alle Mopsfarbvariationen vertreten sind.

Der Mops hingegen hat es leichter – er braucht kein G'wand. Diese kindischen Versuche, einen Enkelersatz zu konstruieren, mit lustigen schottischen Kapperln, alpinen Hüten, hahaha ... Jeder nach seinem Chacun, wir sind kontra. Loriot und Vicco verfügen über genügend vis comica, das muss nicht durch irgendwelche Pappnasen unterstützt wer-

den. Ja, gewiss, kommt ein strenger Winter, dann werden die Herren Mopse in elegante schottische Wintermäntel gehüllt. Aber nicht, weil Mopsverkleiden sooo lustig ist, sondern weil mops sonst arm ist.

Sie selber sehen ja diesen Unsinn glücklicherweise nicht als solchen, sind ergo erhaben. Man kann sie auch nicht um ihre Meinung fragen: »Möchtest du so ein witziges Hallodienstmannkapperl?« Vicco, der jeden Quatsch mitmacht, wäre vielleicht sogar einverstanden. Loriot aber – da sind wir zu vornehm. Auch weiß er natürlich nicht, dass der Herzog von Windsor und seine Ehefrau Wallis ihre Mopsfreunde mit wertvollen Pelzkrägen ausgestattet haben. Somit wird uns vieren auch ewig der Zugang zu mancher Schönheitskonkurrenz verwehrt bleiben, denn wir werden unsere beiden Mopshunde nicht über das übliche Maß hinaus dekorieren, ondulieren, was weiß ich. Dann muss man sich eben seinen eigenen Mops basteln: Holz oder Papiermaché, Styropor, da kann man malen und originell sein. Das hat es aber schon gegeben – die Winnender Mopsparade, zu diesem Thema kommen wir noch.

Am Irrsee in Oberösterreich, knapp vor Salzburg, wird jedes Jahr ein Mopstreffen veranstaltet, da wären wir gerne einmal dabei. Aber gerade um diese Pfingstzeit sind wir beide meist so sehr vom Beruf gefordert, dass das noch nie möglich war. Freunde, die dort wohnen, erinnern uns Jahr für Jahr – es sei köstlich.

Auch aus Hamburg wird Ähnliches gemeldet, von den »Mopsalarm« genannten Treffen der Fans. Und aus einem ganz anderen Teil von Deutschland, aus der Lausitz, kommt aus Senftenberg die Meldung, wie gut sich die Mitwirkung von Mopsen im Geriatrikum Niederlausitz auf die Damen und Herren auswirke!

Einmal haben wir es immerhin mit Loriot bis München geschafft, im April 2016, aber dann hat uns der Mut verlassen, so viele Mopse! Der berühmte Sir Henry, selbst ein Mopsbuchautor, hatte eingeladen und saß würdevoll präsidierend auf einem Sofa. Aber angesichts des Trubels hat uns der Mut und dann haben wir den Tagungsort verlassen. So viele liebe Mopshunde, ohne rote Nasen oder anderen Nonsens!

Den haben wir ja auch nicht notwendig, verdammt!! Im Gegenteil!! Weitgereister, welterfahrener Loriot!! Elegant und selbstsicher hat er mehrere Länder besucht. So war er auf Federico Fellinis Spuren im Grand Hotel Rimini. Dort gibt es einen eigenen kleinen Strand für mondäne Hunde, und auf dem Weg dahin haben wir bei der Übernachtung in

Friaul auch noch einen besonders liebenswürdigen Hundefreund kennengelernt, den Hotelwirt Felcaro in Cormòns. In Lans in Tirol, auf den Höhen über Innsbruck, ist Loriot wie zu Hause, beim Wilden Mann. Dort zeigt nun auch schon Vicco, dass er ein wilder Mopsmann ist. Das Hotel Sacher in Wien hat auf Mops I und II durch Bereitstellung eines Extraspeisezimmers Rücksicht genommen, als ein Familiengeburtstag zu feiern war, ebenso das Haas-Haus gegenüber dem Stephansdom, und bei Armani am feudalen Kohlmarkt vor der Hofburg sind die Herren Stammgäste.

Auch bei Ordensverleihungen an Freunde in Ministerien, die allesamt in Stadtpalais ihren Sitz haben, haben beide trotz mancher Bedenken eine gute Figur gemacht. Vor allem der erfahrene Loriot benimmt sich, als hätte er bei den Corgis der Queen gelernt!

Vicco aber – auch er hat seine Karriere in einem

Schloss begonnen, in Château Visz am Plattensee – steht dem Mopszeremoniell reserviert gegenüber. Nach und nach übernimmt er die britischen Benimmregeln des älteren Kollegen, sehr nach und nach. In den ersten Monaten lenkte er durch laute Gähngeräusche und durch kleine Wanderungen unter goldenen Stuhlreihen von Laudationes und Grußansprachen ab, bis er sich neben Loriot legte und Vornehmsein imitierte. Aber lieber ist es ihm, wenn wieder die Freiheit ausbricht. Er hat eben seinen Charakter, ist und bleibt ein Magyar vom Balaton, aufgezogen mit Paprika, mit Feuer im Blut und ständig bereit zum Widerstand.

Christiane ist der CEO. Das Rudel hat zwar von uns seine Übernamen bekommen, hat aber, wie alle gesitteten Hunde, im Ursprung anders geheißen. Loriot ist als »Xaverl von der Goldhaube« zur Welt gekommen. Das »von« bedeutet keinen Mopsadel, die »Goldhaube« ist der Zuchtname. Das macht ei-

nen vornehmen Eindruck, der freilich durch das Diminutiv »...erl« gemindert wird. Unser ungarischer Neuankömmling hat zwar auch seinen Pass, wie es sich gehört, doch da findet sich nur ein Vorname, »Henri«. Korrekt müsste er eigentlich heißen »Henri de Balatonlelle«, wobei das »de« nicht französisch gemeint ist, sondern Latein, die Sprache der magyarischen Oberschicht bis ins frühe 19. Jahrhundert. Französisch ist allerdings sein Henri – wäre es englisch, schriebe man ja »Henry«. Gleichgültig, ob so oder so, nun heißt Henri »Vicco« und hört auch auf den neuen Namen. Den ersten wird er mit seinen knapp drei Monaten noch gar nicht verinnerlicht haben, als er zu uns kam. Und wie viel anderes muss so ein kleiner junger Hund noch verinnerlichen! Christiane tut er deshalb manchmal leid, wenn man ihn erziehen muss, hässliches Wort. In den ersten Wochen hat er alles zerbissen, was ihm unterkam, am liebsten Schuhe, egal ob Stoff oder Leder.

Später ist er umgestiegen auf Holz, da aber leider in erster Linie auf altes Holz, Barockantiquitäten werden bevorzugt, eine kostspielige Wahl.

Man bringt ihm bei, auf dem Trottoir zu bleiben und nicht auf die Straße zu laufen, dem Mitmops nicht die Mahlzeiten zu stehlen, zu sitzen, herzu-

kommen, nicht die Zweibeiner spielerisch in die Hand zu beißen, ... schrecklich viel muss er lernen. Aber ließe man ihm seine komplette Freiheit, so wäre eine Gemeinschaft Mops & Mensch nicht zu machen. Christiane kommt deshalb immer wieder voll Mitleid ein Gedicht von Peter Hammerschlag (1902 – 1942) in den Sinn.

Der junge Hund

Der junge Hund paßt nicht in seine Haut.
Stets rutscht er in sich selber hin und her.
Wenn er dir seine Hände anvertraut,
Dann werden seine Hinterfüße leer.

In seinem Herzen ist noch soo viel Platz –
Er liebt die ganze Welt, der Optimist!
Treuherzig naht er sich der Buckelkatz,
Denn ach, er ahnt nicht, wie pervers das ist.

Es kommt der Mensch und sieht mit sichrem
    Blick:
Der Hund ist nett, nur noch ein wenig nackt,
Rasch um die Kehle einen Lederstrick!
(Jetzt hat den Hund die Eitelkeit gepackt.)
Und an das Halsband kommt ein Stückchen
    Blech:
»Gib acht darauf! Das kostet sehr viel Geld!«
Schon gut, denkt sich der Hund und lächelt frech,
Und sagt »Heff-Heff«, was er für Bellen hält.

Vor seine Schnauze kommt ein Gitterdings,
Dann hängt man ihn an eine lange Schnur.
Verzweifelt putzt er sich bald rechts, bald links –
Der Maulkorb sitzt. Jetzt geht es auf die Tour.

Erst schleift er nach, dann liegt er wieder schief,
Dann ruht er tiefbetrübt auf dem Popo.
Die Falten seiner Stirne werden tief.
Er hebt das Bein, doch ohne Animo.

Viel tausend Lehren schwirren ihm ums Ohr.
Und ganz verteppt kommt er zu Hause an:
»Man springt an weißen Hosen nicht empor …!
Man beißt auch nicht die gute Straßenbahn!«
Die Summe dessen, was ein Hund nicht darf,
Das – er begreift es langsam – ist die Welt.
So wird er Hund. Und später wird er scharf.
Er hat sich das ganz anders vorgestellt.

Aber man kann Kompromisse machen, alla austriaca, alle vier Rudelmitglieder sind schließlich Österreicher; beziehungsweise Altösterreicher. Vieles darf Vicco ja doch: An manchen Schuhen weiterarbeiten, die man ohnehin schon abgeschrieben hat. Beim Spaziergang in alle Richtungen ziehen. Dem Herrchen die Socken stehlen, die sich auf dem Weg in die Waschmaschine angestellt haben – na, so hat er eben noch ein Spielzeug, ein ausnahmsweise selbst gewähltes. Und nun läuft er mit einem einzelnen schwarzen Socken quer durch alle Zimmer und über den Gang im Galopp wieder zum Anfang – in der Hoffnung, der bestohlene Sockenbesitzer werde zur Rückeroberung schreiten.

Das geht so lange, bis Vicco registriert hat, dass sein Mensch heute zu faul ist, dann gibt er es auf. Das kann er leicht, hat er doch noch einen zweiten Menschen im Talon und vor allem – seinen Kollegen Loriot. Mit ihm spielt er unentwegt, manchmal sieht es aus wie Kampf, ist es aber niemals. Die beiden sind die besten Freunde. Sind sie erschöpft und legen eine Siesta ein, so liegen sie nebeneinander oder halb aufeinander, den eigenen Kopf auf der Pfote vom Nebenmops.

Vielleicht entstammt der diskriminierende Ausdruck »etwas mopsen« dieser Neigung zum Diebstahl. Freilich kann ich mir nicht vorstellen, dass nicht auch Dackel, Pudel, Terrier, egal welchen Alters, etwas mopsen, ergo dackeln oder pudeln. Alles lassen wir nicht auf uns sitzen.

Dieses Stehlen von – schon in Gebrauch befindlichen! – Kleidungsstücken oder Handtüchern gehört in den Interessenbereich Viccos. Loriot hat das auch als Welpe nicht gemacht. Er hatte ja auch vom ersten Tag an sein persönliches Spielzeug, vor allem einen kleinen Teddy, der ihm schon in der Goldhaubenzucht ein Gefährte war. Er ist eben konservativ, mit dem Bärchen spielt er auch heute noch, da er vier Jahre bei uns ist.

Für den Beginn eines Spaziergangs gibt es ein eigenes Spiel. Kaum ist Loriot in seinem Zaumzeug, versucht Vicco ihm das wieder abzunehmen, und

ist mensch durch ein plötzliches Telefonläuten oder was auch immer abgelenkt, so gelingt mops dieser Versuch, und man kann das Zaumzeug von Neuem anlegen. Der Ältere lässt sich das stoisch gefallen, der Jüngere zieht und zerrt an dem Ledergestell, bis er Erfolg hat oder an der Weiterarbeit gehindert wird.

Loriot war im selben Alter ganz anders. Auch er hat gebellt auf Teufel komm raus, aber eben nicht zu jedem Anlass. Ihm geht es darum, sein Areal frei zu halten von diesen frechen Vögeln aller Arten, sei es den Garten in Baden, sei es den Platz vor der Wiener Wohnung. Spatzen, Tauben, Meisen, alles wird verscheucht. Loriot hat sehr scharfe Augen, auch allfälligen, freilich seltenen Habichten sagt er seine Meinung, und sogar ein Flugzeug in der Höhe gilt als grenzüberschreitender Vogel, der den Luftraum verletzt, den man also anbellen muss. Ebenso werden Hunde, die an der Wohnungstüre vorbeikommen, wütend gemeldet, werden durch doppelte Türen gerochen. Wenn es aber läutet und der Schlosser oder der Rauchfangkehrer steht da, dann sind die wahren Wohnungsbesitzer geehrt und gerührt über den Besuch der Herren – es sind meistens männliche Zweibeiner – und umschmeicheln ihre Knie.

Glücklicherweise waren Loriot und Vicco gerade auf einem Stadtrundgang, als einmal die Alarmanlage einen Fehlalarm auslöste, dem ich nicht Herr wurde. Es schrillte und schrillte, und ich wusste nicht, wie man das abstellen könnte. Und alsbald standen mehrere Polizeibeamte da – aber ich war a) unüberfallen b) alleine und konnte mir nur vorstellen, wie Mops & Mops die acht dunkelblauen Wachbeamtenbeine bis zu den Knien dank ihrer Haare verfärbt hätten. Hat man den richtigen Stoff, so kann es dauern, bis man die Haarpracht wieder loswird, siehe einige Seiten weiter vorne in diesem Bekenntnisbuch.

Ein Freund, ein guter Freund ...

Diese Haareigenschaft haben, so hört man, auch andere Hunde. Davon weiß ich nur wenig – meine eigenen Erfahrungen habe ich mit dem Rauhaardackel meiner Mutter gemacht und mit meinem Wolfsspitz. Das war eine Seele von Hund! Aber er saß niemals knapp neben mir in einem Fauteuil und niemals auf meinen Knien, das Lenkrad in Besitz nehmend – von »haaren« war also keine Rede. Zudem war er, seiner speziellen Natur entsprechend, lieber im Freien, wenn es kalt war, sogar im Winter! Dieser Polarhundverwandte ließ sich einschneien, rührte sich nicht, auch wenn er nur mehr als Schneehaufen erkennnbar war. Von Zeit zu Zeit bewegte sich ein Teil des Schneehau-

fens über der Schnauze, um weiter atmen zu können.

Ich hatte vorgehabt, meinen vierbeinigen Begleiter Sancho Pansa zu nennen, auch wenn ich weiß Gott für einen Don Quixote aus vielen Gründen nicht in Frage komme. Aber meine Nachbarn und vor allem meine Großeltern, bei denen ich wohnte, hatten mit dem spanischen Namen ihre Probleme, also deformierte er sich zu »Pancho«, auch nicht schlecht.

Mein Großvater ließ ihm, da er so gerne im Freien war, vom Tischler eine prachtvolle Holzhütte errichten, im Tiroler Stil des Fin de Siècle um 1900, mit geschmücktem Giebel und anderen Holzkunstdetails. Diese Hundevilla bekam bald einen passenden Namen – aus Villa Pancho wurde »Pancho Villa«, womit der Polspitz eine unerwartete Verbindung zur mexikanischen Geschichte bekam. Großpapa übernahm auch weite Spaziergänge mit Pancho und war jedes Mal erstaunt, wie gut informiert der Wolfsspitz über die Adressen von Heurigenlokalen war! Er blieb vor den Toren der Häuser stehen – auch wenn gerade nicht ausgesteckt war –, denn er hatte ja schließlich mit seinem Menschen, der ich war, dieses Türl oft und oft durchschritten.

Das ist viele Jahre, ja Jahrzehnte her … Und ihre Nachfolger, also unsere heutigen Mopse, haben ganz und gar andere Eigenschaften. Doch sie haben einen Freundeskreis, und so bekommt man doch Einblick in andere Formen von *way of doglife*, vom Golden Retriever bis zum Scotchterrier. Da ist zum Beispiel der schwarze Bully, der gegenüber wohnt. Sein sehr gebildetes Mitbewohnerpaar hat ihm den Namen »Kundry« gegeben – Wagnerkenner wissen, weshalb. Wenn Loriot und Vicco auf

Kundry treffen, legt sie sich alsogleich auf den Rücken und zappelt fröhlich. Das ist nicht unbedingt eine übliche Reaktion. Die Kundrychefpartie hat eine Tochter, diese ist im Besitz eines schwarzen Mopshundes, dem unsere beiden beigen Mopse total gleichgültig sind. Ist schon Loriot ein arroganter Bursche, dieser Kamerad ist darin Meister. Er trägt sein Desinteresse zur Schau, schreitet ohne Reaktion vorüber, wenn wir uns treffen, und ist sich seines literarischen Namens bewusst.

Trägt schon Kundry einen Bildungsbürgernamen, wie ist es erst der dieses schwarzen überheblichen Citybewohners! Er heißt Wänzrödel, und wenn die sogenannte geneigte Leserschar damit nichts beginnen kann – volles Verständnis. Der Name stammt aus einem Hauptwerk der Literatur Österreichs, aus dem Roman *Die Merowinger* von Heimito von Doderer, der genialen österreichischen Version von Marcel Proust.

Und dann gibt es noch die Trias von drei ganz verschiedenen Hunden in der direkten Nachbarschaft, hier sind sie:

Alice, Jessy und Snuggles wohnen gleich ums Eck, also gibt es häufige Begegnungen. Der große Golden Retriever hat es Loriot angetan, besser, dieser war von Jessy angetan. Das war Liebe auf den ersten Blick, ein coup de foudre. Der doch viel kleinere verliebte Mops hat sich aufgerichtet und ist dem

Retriever um den Hals gefallen. Das war zwar nicht ganz einfach, aber er hat es immer wieder geschafft. Doch diese Liebe auf den ersten Blick war einseitig – kein Signal ist zurückgekommen. Aber Loriot hat nicht aufgegeben, immer wieder hat er Jessy umhalst. Doch eines Tages war es urplötzlich damit vorbei. Vicco war da, erst seit wenigen Tagen, und ihm ist die Liebe zu Jessy ebenso intensiv eingeschossen wie zuvor Loriot. Er war noch etwas kleiner, trotzdem hat auch er den Umarmungsritus praktiziert, bei jeder Begegnung. Ob Loriot deshalb aufgegeben hat, oder ist es ihm einfach zu dumm geworden?

Ralph Benatzky hat in einem seiner vielen köstlichen Chansons eine zu dieser seltsamen Liebesgeschichte passende Strophe:

Ein Bernhardiner ging jüngst spazieren.
Wie Bernhardiner gehn, charmant auf allen
*   Vieren.*
Da kam ein Dackel dazu und bellte zärtlich:
*   »Ach, du!*

Ich fühl im Herzen ein Mords-Debakel!
Ich bin ein Dackel und ich lieb' dich großer
*   Lackel!«*
Der Bernhardiner, der sprach nur kühl: »Na, und?
Jetzt hör mich an, du blöder Hund!

Was hast du schon davon, wenn ich dich liebe?
Was hast du schon davon? Was hast du schon
*   davon?*
Selbst wenn ich dir mein ganzes Herz ver-
*   schriebe?*

Was hast du schon? Was hast du schon davon?

Ich liebe einen Dobermann, der schwarz ist wie
  ein Mohr.
Selbst wenn ich ihn betrügen wollt, wie stellst
  du dir das technisch vor?

Was hast du schon davon, wenn ich dich liebe?
Was hast du schon, was hast du schon davon?«

Aus: Was hast du schon davon, wenn ich dich liebe?
Text: Ralph Benatzky, Karl Farkas, Fritz Rotter; Musik: Ralph Benatzky

Jessy ist also ein Golden Retriever, Snuggles ein Chihuahua-Zwergspitzmischling, und Alice ist ein Yorkshireterrier-Zwergspitzmischling. Nicht unkompliziert, bis solche Erklärungen am Papier stehen – wie bei uns:
Christiane ist eine weitgehend reinrassige Wienerin, ich bin ein BöhmenKrakauNeutraHermannstadtmischling.

Aber weil Sie nicht wegen meiner k.u.k. Mischung dieses Büchlein erworben haben und ich zudem, was soll ich machen, kein Mops bin, Ende der Meldung.

Also, weil wir jetzt schon mehrmals die Dichter bemüht haben, bleiben wir beim Thema »Poesie«.

Der Mops und die Poesie

Mehrere Beispiele hatten wir schon – Wilhelm Busch, Peter Hammerschlag, Christian Morgenstern, und gerade vorhin Ralph Benatzky. Aber das ist ein weites Feld, und das spricht für den Mops als solchen!! Denn, nur ein Beispiel, welcher Hund darf sich über ein Gedicht eines Literatur-Nobelpreisträgers freuen? Der Mops, englisch *pug*. Die Tochter der britischen Legende Winston Churchill hatte solch einen *pug*, der unter Wetterkapriolen litt. Vater Churchill tröstete Tochter und Lieblingshund mit diesem na ja, Gedicht, er nennt es *doggerel*. Das ist natürlich ein typisch britischer Wortwitz – der Ausdruck meint ein unperfektes, hinkendes Gedicht, doch im engli-

schen Wort steckt nun einmal das Wort *dog* für Hund.

Oh, what is the matter with poor Puggy-Wug?
Pet him and kiss him and give him a hug.
Run and fetch him a suitable drug.
Wrap him up tenderly all in a rug.
That is the way to cure Puggy-Wug.

Oh, was ist los mit Mopsy-Wopsy?
Streichel ihn und küss ihn und in den Arm
   nimm ihn,
lauf und bring ihm die richtige Medizin,
pack ihn zärtlich in eine Wolldecke und –
so wird Mopsy-Wopsy bald wieder gesund.

Freie Übersetzung, immerhin reimbedacht, von Clemens Münster, 2016.

Winston Churchill war an sich kein Freund des *pug*. Das ist besonders bemerkenswert, weil das sein eigener Spitzname war! Seine Ehefrau nannte ihn

»Pug«, und er hatte ja tatsächlich eine ferne Ähnlichkeit mit einem Mops. Lady, später Dame Clementine Churchill, rief ihn so. Da hatte er noch Glück, wenigstens in den ersten Jahren seiner Ehe, dann nannte ihn seine Frau »Pig!«, und er war wohl lieber bisher Mops gewesen als nun ein Schweinchen. Seine Lieblingshunde waren Pudel, die Favoriten hießen Rufus I und Rufus II.

De gustibus non est disputandum, Johann Wolfgang von Goethe war anderer Meinung als Churchill, der Nachfahre des Herzogs von Marlborough. Für ihn war ein Hund a priori kein guter Kamerad, im Gegensatz zum Pferd. Und Pudel mochte er schon gar nicht. Er hatte, bekannte Geschichte, wegen eines Hundes, der in dem Theaterstück *Der Hund des Aubry* auf der Weimarer Bühne auftreten sollte, die Theaterdirektion gekündigt. Die deutsche Fassung dieses Pariser Erfolgs kam aus der Feder eines Theaterprofis, Ignaz Franz Castelli. Der war sicher kein

Hundegegner wie Goethe, er hat den Wiener Tierschutzverein gegründet. Goethe konnte sich gerade noch zu einem kurzen Zweizeiler verstehen – »Dem Hunde, wenn er gut erzogen, wird selbst ein weiser Mann gewogen.« Mephisto erscheint in Fausts Studierstube als Pudel – »Das also ist des Pudels Kern!« Loriot und Vicco sind Panhundefreunde, sie mögen alle – außer den beiden grauen Pudeln, die ihnen beim Weg durch die Straßen Wiens manchmal in die Quere kommen und sie so lange arrogant ignoriert haben, bis auch sie sich lieber mit dem nächsten Eckstein befassen als mit ihnen.

Heinrich Heine hat sich intensiv und auf spezielle Weise mit dem Mops befasst. Zuerst einmal mit einem Gedicht:

Daß ich dich liebe, O Möpschen,
Das ist dir wohlbekannt.
Wenn ich mit Zucker dich füttre,
So leckst du mir die Hand.

Du willst auch nur ein Hund sein,
Und willst nicht scheinen mehr,
All meine übrigen Freunde
Verstellen sich zu sehr.

Heine hat den Mops als Symbol für einen schreibenden Kollegen verwendet, in dem Versepos *Atta Troll …*:

O, ich armer Schwabendichter!
In der Fremde muß ich traurig

Als verwünschter Mops verschmachten.
Und den Hexenkessel hüten!
Welch ein schändliches Verbrechen
Ist sie doch, die Zauberei …

Sein eigenes Verbrechen ist, dass er überschwänglich die Tugend gelobt und damit die Hexe Uraka verärgert hat, die ihn zur Strafe verwandelt. Welchen Dichter Heine in dem unvollständigen, genialen Werk von 1841 gemeint hat, ist nicht bekannt.

Ähnlich sophisticated ist die kurze Stelle, an der sich Egon Friedell zu unserem Thema geäußert hat. In seiner *Kulturgeschichte der Neuzeit* spricht er vom »expressionistischen« Hund:

»So unglaublich es klingen mag, der Schreiber dieser Zeilen besitzt seit einigen Jahren einen expressionistischen Hund, ich behaupte, daß ein Geschöpf von einer so windschiefen und gleichsam betrunkenen

Bauart, das aus lauter verzeichneten Dreiecken zu-
sammengesetzt zu sein scheint, nie vorher in der Welt
gewesen ist. Man wird dies für eine Einbildung hal-
ten, aber man mache es sich an einem Gegenbeispiel
klar: Wäre es möglich, den Mops, den repräsentativen
Hund der Gründerjahre, jemals expressionistisch zu
sehen?«

Also, in der Tat, Loriot und Vicco haben weder mit
der Friedell'schen Beschreibung seines eigenen
Hundes noch mit dem Bild des großen Expressio-
nisten Franz Marc etwas gemeinsam. An sich war
Egon Friedell hundepraxisnah, sein Hund hieß
Schnick, wie der Unglückliche bei Wilhelm Busch.
Mit Schnick hat er manche berufliche Entscheidung besprochen – »Sollen wir eine Kulturgeschichte schreiben?« So erzählt es Alfred Polgar,
der beste Freund. Friedell hatte viele Freunde und
Freuden, etliche darf ich mit ihm teilen. Pfeife rau-
chen, auch bei Tag lesend auf einem Sofa liegen,

Franz Marc – Drei Tiere, 1912

mit Freunden abends zusammen sein, Blödeln, und dann eben die Hunde. Als Schnick mitten in der Arbeit an der *Kulturgeschichte der Neuzeit* starb, war Egon Friedell erst einmal verzweifelt, dann raffte er sich auf, und nun trat der Nachfolger Schnack in sein Leben.

Franz von Pocci, der Münchner Minnesänger des Kasperl, gibt diesem einen Mops als »Fanghund«, der mit ihm Rotkäppchen vor dem bösen Wolf beschützt. Aber am Ende gehen die beiden ins Wirtshaus – soll vorkommen.

Josephine Siebe heißt eine Schriftstellerin aus Leipzig (1870 – 1941). Ihr Name steht für eine Reihe köstlicher Kinderbücher – *Kasperle auf Reisen, Kasperle auf Burg Himmelhoch, Kasperles Schweizerreise*, und für ein Werk, das für den Dackelfreund Pflichtlektüre ist: *Lump und Schlingel,* erschienen 1934, illustriert von August Roeseler. Hinter diesen Namen stecken zwei Dackel, korrekt Teckel, lebhaft, frech, lustig, die Helden. Sie kommen mit ihrem Menschen, einem Weibchen, auf Besuch zu Verwandten, und da sehen sie etwas, das sie nicht sofort einordnen können:

»Das ist ein Hund«, kläffte Lump.

»Das ist kein Hund«, kläffte Schlingel und zwick,

biss er den armen Bello in die Pfote. Der wollte sich wehren – aber wie kann sich ein so dicker Mops gegen zwei Dackel ordentlich verteidigen?

Der Mopsherrin Tante Laura gilt der Besuch der Dackel-Mensch-Gruppe, und sie will ihrem Mops-Liebling zur Seite stehen, aber das ist nicht so einfach. Die Besuchshunde sind schlauer und zu schnell. Aber es ist auch nicht mehr notwendig, denn ziemlich bald werden die drei Hunde Freunde:

Die Tante gab ihm wirklich ein großes Stück Schokolade. Und was tat der Mops? Er trug sie zu den Dackeln hin.

Weder Tante Laura noch ihre Erfinderin Josephine Siebe dürften sich ernsthaft mit Hunden beschäftigt haben – sonst wüssten sie, dass Hunde Schokolade nicht essen dürfen!! Sie ist nicht nur einfach ungesund und macht dick, sie kann einen Hund schwer krank machen!

Wie auch immer – die drei vertragen sich schließlich und werden gute Freunde.

Noch eine Dichtung, na ja, im weitesten Sinne, ein Endloslied auf eine bekannte Melodie:

Ein Mops kam in die Küche
und stahl dem Koch ein Ei.
Da nahm der Koch ein Messer

und schlug den Mops entzwei.
Da kamen viele Möpse
und gruben ihm ein Grab,
und setzten einen Grabstein,
auf dem geschrieben stand:
Ein Mops kam in die Küche ...
... ad infinitum

Was soll denn das? Ein Mops kam in die Küche? Und wird wegen eines läppischen Eidiebstahls ermordet? Von diesem Dreckkoch? Zudem – ein klarer Fall von Mundraub!! Nicht bei uns! DIESE Brutalität; nein, wenn schon, dann alle für einen – Ein HUND kam in die Küche, am liebsten aber auch das nicht, und wir bleiben bei der Melodie ohne den blödsinnigen Text, Johann Strauß Vater *Karneval in Venedig*, aber im Ursprung Niccolò Paganini *Il Carnevale di Venezia*. Zudem, was soll mir EIN Mops, irgendein Mops?? Sie sind unvergleichlich und weitgehend individuell. Unsere Mopse sind unsere Mopse sind … *une rose est une rose est une rose …*

Das bekannteste aller Mopsgedichte ist *ottos mops* von Ernst Jandl, so oft zitiert, dass wir es hier nicht noch einmal abdrucken wollen. Das kleine Werk, in dessen Vokalwelt es nur das O gibt, hat zu den Germanisten, ja in den Schulunterricht gefunden. Es hat Bearbeiter und Nachahmer animiert, und zu

Jandls 80. Geburtstag wurde ein Übersetzungswettbewerb zu *ottos mops* veranstaltet; der schottische Germanist Brian O. Murdoch hat ihn gewonnen mit *fritz's bitch*. Ernst Jandl war aber nicht nur eine Art Mops-Orpheus, er hat ihn nicht nur besungen, er hat ihn sich auch zeitweise zum Mitbewohner gewählt.

Es gibt noch ein zweites Morgensternwerk, in dem ein Mops zwar nicht die Hauptperson, aber Anlass für einen liebenswürdigen Reim ist:

Der Gaul

Es läutet beim Professor Stein.
Die Köchin rupft die Hühner.
Die Minna geht. Wer kann das sein?
Ein Gaul steht vor der Türe.

Die Minna wirft die Türe zu.
Die Köchin kommt: Was gibt's denn?
Das Fräulein kommt im Morgenschuh.
Es kommt die ganze Familie.

»Ich bin, verzeihn Sie«, spricht der Gaul,
»der Gaul vom Tischler Bartels.
Ich brachte Ihnen dazumaul
die Tür- und Fensterrahmen.«

Die vierzehn Leute samt dem Mops,
sie stehn, als ob sie träumten.
Das kleinste Kind tut einen Hops,
die andern stehn wie Bäume.

Der Gaul, da keiner ihn versteht,
schnalzt bloß mal mit der Zunge,
dann kehrt er still sich ab und geht
die Treppe wieder hinunter.

Die dreizehn schaun auf ihren Herrn,
ob er nicht sprechen möchte.
»Das war«, spricht der Professor Stein,
»ein unerhörtes Erlebnis.«

Der Schriftsteller Gregor von Rezzori, der aber mit dieser Berufsbezeichnung nicht korrekt definiert ist, denn er war Essayist, Humorist, Lebenskünstler, Schauspieler, vor allem aber ein Herr – Gregor von Rezzori war ein erklärter Mopsfreund. »Mein

schönstes ist ein Nachmittagsschläfchen – un piso-
lino auf italienisch – in weiche Decken eingehüllt,
meinen ältesten Mops auf dem Magen.«

Bei Egon Friedell wechselt das Thema »Mops und
Poesie« eher in den Bereich der Kunstbetrachtung.
In diesem Sinne noch eine Frage: Was macht ein
Mops im Paletot, wie kommt er dort hinein? Nur,
weil er einsilbig ist? Da ließe sich auch reimen –
»Lebe glücklich, lebe froh, wie ein Aff' im Paletot«,
»... wie die Maus im Paletot«, »... wie Alfred Brehm
im Paletot«.
Nein, es ist der Mops, dem man dieses altmodische
Kleidungsstück umgehängt hat. Nur – warum?

Und noch eine Frage – wieso kenne ich nur einen
einzigen Mopsschüttelreim? Ich habe Hunderte in
meinem Repertoire, aber auf diesem Gebiet nur einen. Er basiert allerdings auf dem Mops-Kosena-
men Moppel.

Weil die beiden Moppel dort
Gar so schrecklich zwiegesungen
Hat durch einen Doppelmord
Man zum Schweigen sie gezwungen.

Sie singen nicht und schon gar nicht falsch!!!

Nun wäre noch Christian Felix Weiße, großer Jugendfreund der späten Barockzeit, zu zitieren, und auch Karl May, aber einmal muss Schluss sein – und das ist JETZT.

Nun wird abgerechnet!!
Die Wissenschaft

Auch ich möchte nicht in einem »Tierleben« als artentypisch oder reinrassig aufscheinen, das schon gar nicht. Bei Brehm möchte ich überhaupt nicht aufscheinen, ich akzeptiere sein Fachwissen natürlich, Greenhorn, das ich bin, aber jemand, der über Loriot und Vicco 1869 am Ende seines vielbändigen Werks den Stab brechen konnte, mit den folgenden Worten – was soll ich mit dem anfangen?

»Der Mops ist oder war der echte Altjungfernhund und ein treues Spiegelbild solcher Frauenzimmer, bei denen die Bezeichnung ›alte Jungfer‹ als Schmähwort gilt. Er war jedem vernünftigen Menschen ein Gräuel.

Die Welt wird also nichts verlieren, wenn dieses abscheuliche Tier samt seiner Nachkommenschaft den Weg allen Fleisches geht.«

Wenn man den Tierbegriff »sich lösen« kennt und versteht, wird man einsehen, dass Herr Brehm bei mir »ausgelöst« hat, bitte aus dem Hundejargon zu übersetzen, es ist ein wienerisches Fachwort. Aber noch ein zweiter Aspekt – der Tierkenner Brehm ist in der Gattung Homo sapiens weniger zu Hause, sonst wäre es nicht möglich, auch gleich alle Damen zu beleidigen, die eben mehr Freude an ihrem grenzmobilen Mops und weniger an einem Windhund haben beziehungsweise – hatten. Es gibt ja diese Wilhelm-Busch-Karikaturen in der Tat schon lang nicht mehr. Wen hat Alfred denn lieber? Welches Tier? Welche Rasse?

Hier nun dem grantigen Besserwisser Brehm ein anderes Wesen zwecks Diskussion vorzuhalten, das bringt man nicht übers Herz. Seit ich gerne in Gesellschaft meiner Mopse bin, stört mich kein anderes Tier, man beginnt, alle zu mögen. Und wenn man sich die große, vor allem dennoch exklusive und eindrucksvolle Gruppe der Mopsverehrer ansieht, Chapeau! Jackie Kennedy, Andy Warhol, Gregor von Rezzori, Heinrich Heine und viele andere! Allesamt Individualisten wie ihre Mopsfreunde! Alleine diese kurze, nicht vollständige Liste beweist – wer dem Mopse wohlgewogen ist, hat Stil. So, jetzt ist das Eigenlob heraußen.

Aber das ist jetzt eine gute Gelegenheit, über die Frage nachzudenken – »Woher kommen wir Mopshunde?« Also auf zum Lexikon! Moos, Mopsus, aber nicht Mops??? Da haben wir es wieder, das 19. Jahrhundert, die mopsfeindliche Epoche, jaja, Alfred Brehm. Die Allgemeine Realencyclopädie für das katholische Deutschland, Regensburg 1848, findet unseren Hund nicht der Erwähnung wert. Und Mopsus meint jemand anderen, weder Loriots noch Viccos Ahnen: zwei berühmte Wahrsager, ohne Zeitangabe, eben Antike und basta. Aber das bringt uns ja nichts, also weiter.

Brockhaus, Band 18, 2006, nach dem Jubiläumsjahr »200 Jahre Brockhaus 2005«. Das Werk hat mich noch nie im Stich gelassen, auch nicht in dieser Ausgabe, der letzten vor dem Versinken in der Googleflut. Immerhin – dem Mops gehören fünfeinhalb Zeilen, knappe Beschreibung und eine lobende Erwähnung – guter Begleithund.

Absolut nicht zielführend ist in meinem ganz alten Lexikon die Erwähnung des Theologen Theodor von Mopsuestia, 350–429 in Kilikien, heute Türkei, das bringt uns leider gar nichts.

Also jetzt Google – aha, aus China. Das hätten wir gerade noch erraten, es gibt ja diese vielen Keramik-Mopse, die freilich nicht gerade schmeichelhafte Darstellungen sind.

Manchenorts wird die erste Erwähnung eines kaiserlichen Mopshundes im Jahr 600 v. Chr. angesetzt. Das dürfte aber wirklich nicht stimmen, denn die ernsthaften Mopsbücher nennen allesamt die Kaiser der Mandschu-Dynastie als Pioniere. Kaiser K'ang-hsi (1666–1722) hatte einen Minister, der ein Kaiserliches Hundebuch verfasst hat, hier findet sich die erste Darstellung eines Mopshundes im heutigen Sinn.

Mopsbesitz war ein Privileg für Seine Majestät selbst wie für die Höflinge, das war ein Gesetz. Diese Kaiserhofhunde lebten in der Verbotenen Stadt, deren Grenzen durften sie nicht verlassen. Kaiser K'ang-hsi dachte modern, er empfing europäische Gelehrte – die allerdings allesamt Jesuiten waren und als Missionare ins Land gekommen waren. Sie durften sich frei bewegen, konnten die Grenzen der Kaiserstadt überschreiten und sogar nach Europa reisen. Und da wird wohl ein Mitglied der Gesell-

schaft Jesu einen Mops gemopst haben, den er als wertvollen China-Export heimbrachte. Kunst aus China, das feinste Porzellan, verschiedenste Chinoiserien von der Tapete bis zur Lackdose waren im 18. Jahrhundert an Europas Fürstenhöfen en vogue.

Die imperiale Exklusivität des frühen Mopswesens hat sich zwar nicht ganz so erhalten lassen, aber die Tradition, dass sie Lieblingshunde der Aristokratie sind, hat überlebt. Bei Loriot hat man den Eindruck, dass ihm das klar ist, nicht so bei Vicco, mit seiner Proletenattitüde.

Wie aber mag es zu der hier folgenden Geschichte gekommen sein, in der es lange vor Kaiser K'anghsi um einen Mops in Europa geht?
Ein Mopshund soll seinem hocharistokratischen Zweibeiner das Leben, dessen Dynastie das Überleben und damit den Thron von England gerettet ha-

ben. Wilhelm von Oranien stand an der Spitze des Freiheitskampfes der Niederländer gegen das Regime Spaniens. In einer Nacht des Jahres 1572, am 11. September, drang eine zum Prinzenmord entschlossene Gruppe des Herzogs von Alba bis zu Wilhelms Zelt vor. Dann aber war angeblich Schluss mit der Aktion – der vor dem Zelt schlafende Mops war wach geworden und hatte wild zu bellen begonnen. Wilhelm erwachte ebenfalls und rettete sich auf sein Pferd, damit hatte sich der kleine Hund in das Buch der Geschichte eingetragen. Des Prinzen Enkel, Wilhelm III., wurde 1689 König von England, der dem Vorbild Chinas folgend eifersüchtig über sein Mopsrudel wachte.

Wie aber mag Wilhelm von Oranien 1572 zu seinem Mops gekommen sein? Mit katholischen Priestern auf Europaurlaub wird er kaum freundschaftlichen Kontakt gehabt haben, mit solchen hatte der kämpferische Protestant nichts im Sinn. Die Wahrheit dieser Legende wird natürlich angezweifelt, aber wir kennen sogar den Ort des Geschehens, Hermigny, und den Namen des Hundes, Pompey. Da aber das Denkmal, das man in Delft dem vielgeliebten und besungenen Vater des Vaterlands gesetzt hat, nicht einen Mops zeigt, sondern einen Kooiker, mag nicht alle Welt dieser Mopsgeschichte Glauben schenken. Und in der Hymne, »Wilhelmus van Nassouwe«, kommt zwar der König von Spanien vor, nicht aber der lebensrettende Mops. Seltsam. Dabei steht ihm doch ein ähnlich legendärer Rang zu wie den »Gänsen vom Capitol« in Rom, die einst im letzten Augenblick die Stadt vor den Kelten gerettet haben. Loriot würde wohl ähnlich reagieren wie seinerzeit Pompey – wenn denn die Mordbuben zu Pferd gekommen wären. Denn Pferde, so sie nicht vertraute Begleiter von Freunden sind, regen ihn maßlos auf. Cowboys, Gauchos, Kavallerieoffiziere im Fernsehen – wehe ihnen, sprängen sie aus dem Apparat.

Geschichten rund um Mopshunde, ihre illustren Menschenpartner und ihre Eigenheiten finden sich immer wieder. Natürlich trifft da Dichtung auf Wahrheit – wie, Paradebeispiel, beim »Mops von Winnenden«. Das ist eine wirklich eindrucksvolle Mops-Story, die freilich nicht immer von historisch bewanderten Menschen weitergegeben wird. Also findet sie sich auch gedruckt gerne falsch. Die Winnender werden mir verzeihen – ich mag diese Geschichte sehr, aber man kann sie auch richtig erzählen. Beginnen wir mit dem erstaunlichen Umstand, dass ein Mops ein Denkmal bekommen hat, es trägt diese Inschrift:

Du ruhst nunmehr Mops von all deiner Pein,
Wie manchem Rauhen Wort, Wie manchen
Nasenstüber, Mops, mustestu nicht stets hier
    unterworfen seyn.
Doch lehrte Dich der Witz Dies in Geduld
ertragen und Weil Du Hofmops warst

So dientestu der Zeit.

Deyn holdes Mäulchen blieb Bey seiner
    Freundlichkeit

Und jede Miene wies, was Du nicht
    konntest sagen.

Nebst Allem Diesem Warst Du ungemein
    Getreu und

Was wir Liebes und Gutes Von Hunden
    melden können

Mit Alle Dem Warstu, O Mops, geziert zu nennen.

Das Gedicht und die Existenz dieses Denkmals machen klar, dass es sich hier um ein ganz besonderes Exemplar des Canis lupus familiaris handelt. Karl Alexander, Herzog von Württemberg, war 1717 von Schloss Winnenthal in Winnenden zum kaiserlichen Heer vor Belgrad gezogen, um den Osmanen diese Festung abzunehmen. Nun ist zu lesen, er sei der kaiserliche Kommandant gewesen – das war er natürlich nicht, doch er war immerhin ein hochrangiger Offizier. Die Belagerung kommandiert hat ein anderer, ein legendärer – Prinz Eugen von Savoyen, der zudem mit diesem Kampf ins Volksliedgut einging: »Prinz Eugen, der edle Ritter, wollt dem Kaiser wiederum kriegen Stadt und Festung Belgerad … etc.« Der hatte freilich keinen Mops in seinem Gefolge, in Wien wartete sein Lieblingstier auf seine Heimkehr, ein Löwe.

Nun kam also der kleine Mops aus Württemberg seinem Herrchen abhanden, er wird zwischen den zahllosen Zelten murmelnd und ein wenig sehnsuchtsvoll wimmernd umhergelaufen sein, Tausenden Pferdebeinen ausweichend, von der einen oder anderen Marketenderin etwas Futter erbettelnd – und dann wurde es ihm zu bunt und er beschloss, nach Hause zu laufen. Das sind rund 1100 Kilometer, mit Flüssen, Bergen, Wäldern, durch Wind und Regen. Er muss am Tag gerannt sein, in der Nacht gerannt sein – mit diesem kurzen Gehwerk, mit einer Tagesleistung von 100 Kilometern! Denn am zwölften Tag war er am Ziel. Da war sein Herr ganz gewiss noch nicht auf dem Heimweg, der Kampf um Belgrad hat ja gedauert. Die Dienerschaft wird Augen gemacht haben, als der Kleine, dessen Name leider nicht überliefert ist, unerwartet durchs Schlosstor lief, hier besser – einlief, der Sieger. Sein erster Weg wird wohl in die Küche geführt haben.

Nächster heikler Punkt – die Strapaz der Europareise habe ihm nur mehr wenige Tage Lebenszeit gelassen. Ob ihn da der Herzog noch einmal loben konnte, ob er ihn überhaupt wiedergesehen hat? Ich denke, ja, denn der wackere Mops hat doch ein Denkmal bekommen, das trägt die Jahreszahl 1733. Das Schicksal des Marathonläufers, der nach 42 Kilometern Dauerlauf in Athen ankam und gerade noch rufen konnte NENIKEKAMEN, »wir haben gesiegt«, dann starb er vor Erschöpfung – das blieb dem Mops erspart. Man wird sicher nicht 16 Jahre gewartet haben, bis diese Herme im Schlosspark aufgestellt wurde.

Nun gibt es aber auch die Behauptung in manchem Buch, dass der Herzog nicht 1717 mitgekämpft hat, sondern 1730. Das ist aber nicht möglich, denn mit dem Frieden von Passarowitz 1718 war lange Ruhe, und erst 1736 brach der Krieg gegen die Osmanen abermals aus, und Belgrad ging dem Kaiser wieder verloren. Aber Herzog Karl Alexander wurde nach der Einnahme von Belgrad und großen Teilen von Serbien 1719 zum kaiserlichen Generalgubernator ernannt, war somit der Verwaltungschef von Serbien, also hat er eine beachtliche Karriere geschafft, sein militärische Rang war Generalfeldmarschall.

Im Jahr 2006 hat eine große Veranstaltung an die Hundeheldentat erinnert – die Winnender Mopsparade. Da haben Freizeitkünstler ihrer Phantasie keine Leine angelegt und Kunstmopshunde aller Arten und Farben in einem Wettbewerb ausgestellt.

Das Mopsdenkmal von Winnenden hat inzwischen starke Konkurrenz bekommen, wenngleich von an-

derer Art. Vicco von Bülows Heimatstadt Branden-
burg an der Havel hat dem Mopspropheten ein
Denkmal gesetzt, ein ganz besonderes. Man hätte
ihm ja eine Bronzestatue widmen können, natura-
listisch, ein eleganter Herr mit etwas Lächeln, aber
nein, man war klüger und hat ihm in seinen Wer-

ken ein Denkmal gewidmet. Das Waldmopszentrum, eröffnet im April 2015, zeigt ein eindrucksvolles Rudel von geweihtragenden Wilden Waldmöpsen, wie sie, laut Loriot, vereinzelt in Wäldern Nordschwedens leben. Das Original werden wir also hoffentlich nicht zu Gesicht bekommen. Vicco würde zu toben beginnen, Loriot nachsichtig lächeln.

Wer mehr zum Thema Mopswesen erfahren wollte, hatte im Jahr 2008 dazu eine ideale Möglichkeit. Da hat das rheinland-pfälzische Museum in Mainz eine große Ausstellung gezeigt – MOPSKULT. Da war ich gerade in der Stadt, habe auch das Museum besucht, und sicher hat das Jahre später unsere Entscheidung beeinflusst. Denn man sah nicht nur Historisches in Rahmen und Vitrinen, sondern auch die lebendige Praxis, man durfte seinen Hausmops mitbringen. So erinnere ich mich an ein Ehepaar mit vier Mopswelpen, die den Exponaten die Schau gestohlen haben, so entzückend waren sie.

Schon 1973 hat sich eine Ausstellung demselben Thema gewidmet, in Schloss Wolfsgarten bei Darmstadt, die ich freilich nicht besucht habe, ich war mental und mopsoid noch nicht so weit.

»Mopsiade, Möpse aus drei Jahrhunderten« war ein gut besuchter Erfolg, lese ich in der Zeitung von einst, und ihr Anlass war der 60. Geburtstag der Prinzessin Margaret von Hessen und bei Rhein. Mehr als 300 Jahre Mopsgeschichte konnte man da kennenlernen, schon am Eingang wurde man von zwei Bronzemöpsen begrüßt, gegossen um 1600. Die Exponate kamen von 47 Leihgebern, Museen, Privaten aus halb Europa, aus Meißen, aus dem schwedischen Schloss Gripsholm, vom Victoria and Albert Museum in London, ja aus Moskau.

Apropos Victoria – auch sie hatte einen Mops

Wenn wir schon in Großbritannien sind, gleich noch ein Royal-Pug-Freund, der ehemalige König

Diese beiden Fotos sind das Gegenteil eines Zufalls – denn Großbritannien gilt ja nach China als Mopsheimat. Seit Oranien den Thron bestiegen hat, war der Mops groß in Mode. So klein konnte eine Hofhaltung gar nicht sein, dass nicht alsbald der Befehl kam – ein Mops muss her. Das war aber nicht so einfach wie heute. Königin Victoria hat ihre Beauftragten durch halb Europa reisen lassen, bis sie fündig geworden waren.

Der Kunstfreund Wolfgang Wissing hat innerhalb seiner umfangreichen Sammlung von Exlibris eine Spezialabteilung – DER MOPS. Da sind hundert Mopsbilder und mehr, die drohend die gehorteten Bücherschätze behüten sollen. Viele Bücherfreunde sind dem Mops verfallen, das wird wohl auch der Verlag so sehen, für den ich gerade am Werk bin.

Ein Mops kann leider nicht im Internet zum Thema surfen, sonst wird er größenwahnsinnig. Was sich

da unter KUNST UM DEN MOPS alleine bei einer Ausstellung im Sommer 2014 präsentiert, ist unglaublich! Postkarten, Dosen, Meerschaumpfeifen, intarsierte Holzkästchen, getöpferte Mopse …

Freilich gibt es Mopsfreunde dieser und Mopsfreunde jener Art – während ich für diese Sammelwut ein weites Herz habe, ist unsere Rudelführerin mehr für die gelebte Praxis. Sie liebt bildende Kunst, hat eine kleine Bildersammlung – und zieht doch den Mops auf freier Wildbahn dem im Kunstmuseum vor, einverstanden. Vicco ist anderer Meinung – Mops ist Mops, und kein Kunstmops, dessen er ansichtig wird, kommt ohne wütendes Gebell davon.

Die hohe Zeit der Freimaurerei war das 18. Jahrhundert – Aufklärung, Französische Revolution, die Suche nach neuen Denksystemen. Neues Denken in neuen Bahnen – wahrlich kein gutes Thema für in und auf Tradition beharrende Herrschaftssysteme. Papst Clemens XII. reagierte 1738 mit dem Bannfluch auf die seit 1713 in vielen Ländern in den Hauptorten gegründeten Logen. Freilich traf der Bann auch geistliche Mitglieder, hocharistokratische Logenbrüder, Männer mit Sehnsucht nach Geist und nicht nach Revolution. Frauen war die Teilnahme an den Logenarbeiten nicht möglich, sie wurden nicht aufgenommen.

Das könnte einer der beiden Gründe für die skurrile kurze Blüte des Mopsordens sein. Der zweite – Tarnung, Camouflage, die wahren Interessen und Motive einer Freimaurerloge verbergen. In unserem Zusammenhang ist von Interesse, dass da kein Schaukelpferdorden oder Artischockenorden gegründet wurde – der Mops stand in hohem Ansehen bei Hofe, bei den Künstlern. Wir wissen sehr wenig über diesen Mopsorden, der ja auch nicht lange existierte. Eine einzelne Porzellangruppe aus dem Jahr 1760, Besitz des Landesmuseums Mainz, zeigt die Aufnahmezeremonie einer vornehmen Dame

durch die Meisterin der Loge, genannt die Groß-
möpsin. Auch der große Joseph Joachim Kaendler
(1706–1775) hat eine Mopsordensdame in Porzellan geformt, die einen Mops im Arm hält, ein zweiter guckt unter ihrem Reifrock hervor, Meissen
1745.

Diese Frauenlogen waren eben eine willkommene Abweichung von der Freimaurerpraxis, keine weiblichen Mitglieder aufzunehmen. Sie hatten sich freilich denselben Gesetzen zu unterwerfen wie die Männer – wer in den Tempel wollte, musste an der Tempeltüre kratzen wie ein Mops. Ein Medaillon, am Band getragen, zeigte die okkulte Buchstabenreihe L.C.D.M.F.A.N., Le Chapitre des Mopses fondé à Nuremberg. Aha, also in Nürnberg gegründet, am Ursprung vieler poetischer Projekte des Barock.

Schon 1748 wurde der Göttinger Mopsorden durch die akademischen Gerichte untersucht, also ganz so harmlos war er vielleicht doch nicht.
Ein wenig mehr ließe sich dazu schon noch berichten, aber weil zu fürchten ist, dass Loriot und Vicco spätestens an dieser Stelle in tiefen Schlaf versinken, könnten sie mich hören, kehren wir in unsere reale Mopswelt zurück.

Ein Mops als Türstopper, geschenkt von Freund Axel Götz

*Ein Mops als Kunstwerk, geschenkt von
Freund Gottfried Kumpf*

Ein Mops aus Holz, geschenkt von Freund Ulrich Schulenburg

EIN LEBEN OHNE MÖPSE
IST MÖGLICH, ABER SINNLOS
LORIOT

Und ein Irrtum – das ist kein Mops, das ist ein Bully!
Geschenk von Freund Klaus Seitz

Ein Briefpapier-Entwurf
Geschenk von der Freundin Susanne Trebitsch

Der Homo sapiens im Alltag ... unter besonderer Berücksichtigung der Mopssicht

Man stellt sich in seinen Gewohnheiten peu à peu auf die vierbeinigen wahren Wohnungsbesitzer um. Da geht es nicht nur um Arbeitstag oder Freizeit, sondern auch um Schnee oder Sonnenschein, Muße oder Zeitdruck.

Wenn die Herren L. und V. so Seite an Seite durch die Straßen ziehen, recht wie Mops in Saus und Braus, so ist vor allem bei Regenwetter der Marsch die Mauer entlang angesagt. Das hat seinen Grund ... »Haben Sie gesehen, was da liegt? Unglaublich, das könnte man doch noch essen ... Nein, lieber nur riechen, Vorsicht, seien Sie vernünftig!«

Massiver Einwand der Beherrscherin der gemisch-
ten Mops&Mensch-Truppe – PER SIE? Loriot und
Vicco sind ganz gewiss per Du in ihren Dialogen!
Gut, mag sein, das weiß sie sicher besser. Ich hingegen neige sogar dazu, beide Hunde nur mit SIE
anzusprechen. Vorbild ist mir Christianes Onkel
Paul Hörbiger. Er verlebte seine letzten Lebensjah-

re in Niederösterreich in Wieselburg in Gesellschaft mehrerer Spaniels, mit denen er per Sie war.

Zurück zum Mauerspaziergang: Da gibt es etliche favorisierte Wege. Solche besonders beliebte Routen haben natürlich auch die beiden menschlichen Mitbewohner – meine führen durch historische Gassen, zu Antiquariaten, und selten an ihnen vorbei, aber auch zu dem einen oder anderen Kaffeehaus, zu einer ganz bestimmten Weinstube. Christianes Lieblingswege tendieren zu Hermès, zu Akris, zu Armani. Loriot hingegen zieht den Weg zum Innenstadtfleischhauer Kröppel vor – von Christiane »Loriots Armani« genannt. Vicco hat die Hauptrouten seine Vorgängers und Rudelpartners komplett und auf der Stelle übernommen. An diesen Routen warten noch andere Trendziele – die Trafik, eine Konditorei und jeden Dienstag ein Trachtengeschäft in unserer Nähe. Man kann es sich nicht vorstellen, aber die Herren Mopse müssen einen inneren Kalender haben. Jedenfalls interessieren sie sich tagelang nicht für die österreichische Trachtenproduktion, bis sie dienstags wieder ihren Tribut übernehmen. Wahrscheinlich aber ist ihnen aufgefallen, dass die beiden Verkäuferinnen an diesem Tag ihre Auslage umgestalten, das wäre eine Erklärung ohne Staunen über eine innere Mopsuhr.

Gleichgültig, für welchen Stadtwanderweg das Rudel sich entscheidet – niemals kommt es vor, dass der eine oder der andere Mops vor einer Geschäftstüre angehobbelt wird. Das ersparen wir unseren nun erwachsenen Kameraden, das haben wir uns schon gar nicht getraut, als sie noch sehr jung waren. Da bleiben doch viele Menschen, ob Hundefreund oder nicht, vor dir stehen, beugen sich weit vor, sehen dem Welpen ins Kinderauge und sind entzückt. Und wer weiß, ob dieses Entzücken angesichts des einsam dasitzenden Junghundes nicht in eine Mopsentführung mündet. Man kann den herzigen Kleinen ja verkaufen, will man ihn nicht

selbst behalten, alles schon vorgekommen! Dann liest man in einer Tageszeitung »Meine entzückende Lucy geht mir so sehr ab, bitte komm zurück, du fehlst mir schrecklich!« Aber wie soll das Hunderl denn zurückkommen, wenn es vielleicht längst in einem Hunderte Kilometer entfernten Garten wohnt? Bitte der »Mops von Winnenden«, siehe Seite 112, ja, aber man muss das doch nicht provozieren. Also bleiben Loriot und Vicco beim Einkauf an der Leine, und wenn sie in das eine oder andere Geschäft nicht mitkommen dürfen, opfert sich das männlich-menschliche Rudelmitglied für eine halbe Stunde und prüft die Weinqualität in einem nahen hundefreundlichen Etablissement.

Auf diese Weise erspart man mops nämlich auch noch die eine oder andere unangenehme Begegnung. Der Dichter Peter Hammerschlag, dem wir schon vor einigen Seiten den »jungen Hund« zu verdanken hatten, konnte sich gut in solche Situationen versetzen, sich mit Sensibilität in einen Hund hineindenken, sich über schwätzende Menschen ärgern, also noch ein Gedicht:

Der Tierfreund an der Arbeit

Müssen Menschen stets mit Hunden plaudern,
Die vor Läden angebunden sind?
Jeder bessre Hund sieht sie mit Schaudern.
Denn er weiß: Im Tierfreund steckt ein Rind.

»Armes Hunderl! Haben s' dich angebunden?«
»Richtig«, sagt der Hund und dreht sich um.
»Na, verträgst dich mit den andern Hunden?«
»Ja, gewiß. Was fragen Sie so dumm?«

»Braver Flocki! Wartet auf sein Frauerl!«
»Keine Spur, ich liege hier im Bett.«
»Frauerl kauft nur Fleischi fürs Wauwauerl.«
(Ach, wenn ich doch keinen Maulkorb hätt'!)

»Wird dir nicht die Zeit lang, armes Hunderl?«
»Aber nein, Sie plaudern ja so schön!«
»Weißt, es dauert nur ein halbes Stunderl.«
(Warum dürfen Menschen ohne Maulkorb
  gehen?)

Unaufhaltsam kommt der Mensch ins
  Schmeicheln:
»Bist mein liebes Hundi?« – »Danke, nein.«
Und dann will der Mensch das Hunderl streicheln
Und der Hund macht »Knurr« und hebt das Bein.

Undankbare Viecher sind die Hunde.
Denkt der Mensch im Abgehn haßerfüllt.
Und der Hund seufzt auf aus tiefstem
  Herzensgrunde:
»Sowas nennt sich Gottes Ebenbild!«

Unsere Tagesabläufe sind geordnet und richten sich zum Teil nach dem Mopsrhythmus. Die Hausfrau

und ihre ständigen Begleiter ziehen am Morgen ihre Runden durch die nahen Gassen, bringen Zeitungen und frisches Frühstücksgebäck mit, der Mitbewohner ist der Nutznießer.

Ich stehe erst auf, wenn das Rudel und seine Chefin wieder da sind. Dann beginnt ein weiteres Ritual – Vicco hört meine Schritte auf dem gut zwanzig Meter langen Gang, rennt los, Loriot folgt ihm, knapp vor mir wird gebremst, dann rutschen die beiden die letzten Meter auf Kruppe und Hinterteil auf mich zu. Allgemeines Lachen, und der Tag hat gut begonnen. Jetzt wird gefrühstückt ...

Jeder tut's auf seine Weise. Die Herren Mopse bevorzugen das griechische Yoghurt der Rudelführerin und akzeptieren ab und zu auch Äpfel, in homöopathischen Dosen. Und danach schlafen sie, schon wieder, die Glücklichen.

Baden

Wenn wir nach Baden kommen – dort haben wir einen kleinen Garten –, ist Vicco närrisch vor Freude. Er rennt zur Begrüßung im Kreis über die Wiese, einmal, fünfmal, zehnmal. Und er zeigt auch gleich, wer der Herr ist, und bekackt die Grünfläche möglichst in der Mitte, mit kämpferischem, ja herrischem Blick.

Loriot ist ebenfalls gern im Garten, aber selbst in seiner frühen Jugend hat er ihn nicht als Rennbahn verstanden. Er »kackt« auch nicht, er löst sich, was ja auch sprachlich korrekt ist. Zu diesem Zweck streift er die Buchsbaumhecken entlang, biegt um ein Eck und setzt sich nicht dem Blick der Mitbewohner aus. Er löst sich diskret, seinem vornehmen Charakter entsprechend. Im Hochsommer, wenn in dem Garten Tausende Rosen duften, erfreut sich Loriot an dieser Welt von Gerüchen, Vicco rennt, rennt vorbei. Vielleicht entdeckt er diese Duftwelt auch noch einmal. In der Stadtwohnung ist er sehr am Inhalt der Bodenvasen interessiert, er beißt in Blätter, zerrt an Zierhalmen. Aber er riecht nicht an ihnen!

Neben dem Garten hat die kleine Kurstadt noch mehrere Angebote für glückliche Hunde. Der nahe Park mit seinem großen Teich freilich ist für Vicco vor allem ein Herumlaufrevier, für Loriot ein Anlass zum Ärger – diese vielen Vögel! In SEINEM Park!! Und sie sitzen nicht nur auf Bäumen oder besuchen Kaffeehaustische, um sich um den Kuchen zu kümmern, sie sind auch noch im Wasser!!! Da heißt es, bellen! Denn ins Wasser gehen wir nicht, alle beide. Der Park ist aber ohnehin in erster

Linie eine Begegnungszone, neben dem einen oder anderen Bekannten trifft man auf alle Arten Hund, große, kleine, exotische, auch auf manchen Mops. Dann gibt es Fachgespräche und Vergleiche, Menschenfreundschaften entstehen. Das hier schreibende Herrl erinnert sich gut, wie schnell man als junger Hundebesitzer mit jungem, herzigem Hund Damenbekanntschaften machen konnte, einst im Mai ...

Allerdings kann es auch vorkommen, dass jemand Angst hat vor dem winzigen Mops mit seinen vielleicht dreißig Zentimetern Höhe, nervös wird und zu schimpfen beginnt. Der Mann, der einmal angesichts des still vor sich hinschreitenden Loriot dem diensttuenden Hundeführer, diesmal war's das Herrl, zugeknurrt hat – »Tun S' den Köter weg!« – der Mann wird heute noch an diesen Tag denken. Ich habe mein passendes Repertoire ausgepackt und dem Mann alles Mögliche mitgeteilt, was er lieber nicht gehört hätte, mit gut angesetzter Stimme und unter Einsatz der sogenannten Stütze, dass man es weithin über den Teich hören konnte.

Wright or wrong, my pug.

FINIS

Personenregister

Dank

Altabt Gregor Henckel-Donnersmarck, Franz Erwein Nostitz-Rieneck
Gerhard Dorfer, Peter Back-Vega

Bildnachweis

Peter Back-Vega: S. 125
Wilhelm Busch: S. 9
Peter D. Hartung, Fellbach: S. 110
Christa Hemer: S. 28, 29, 34, 93, 121
picture alliance / dpa: S. 119
Thomas Ramstorfer: S. 2
August Roeseler: S. 90, 92
Barbara Schindler: 75
Klaus Seitz: S. 130
Shutterstock/EwaNew: S. 20, 48,70, 76, 79, 95, 117, 142
sowie Vor- und Nachsatz
Karin Tilgner: S. 11, 16, 17, 19, 22, 25, 30, 41, 42, 43, 45, 51, 56, 58, 60, 61, 62,
66, 68, 81, 99, 115, 122, 133, 136, 140, 141, 146, 149
Gerhard Tötschinger: 36, 38, 39, 72
Susanne Trebitsch: S. 131

Stationen eines faszinierenden Künstlerlebens: Klaviervirtuose, Komponist, Salonlöwe, Kulturmanager, Musikschriftsteller, Dirigent und ein genialer, ideenreicher Anreger – all das war Franz Liszt. Gerhard Tötschinger folgt der Lebensreise des Außnahmekünstlers durch die Konzertsäle, Salons und Residenzen Europas. Eine unterhaltsame Spurensuche.

Gerhard Tötschinger
Franz Liszt – Vom Dorf in die Welt
ISBN: 978-3-7844-3260-1
Auch als CD Autorenlesung mit Musik
ISBN 978-3-7844-4239-6

Gerhard Tötschinger erzählt Geschichten und Erlebnisse aus dem faszinierenden Leben Mozarts. Dabei stellt er immer wieder berühmte und außergewöhnliche Werke des Musikers vor und macht so das Genie des Wunderkindes und größten Komponisten der Klassik verständlich.

Wolfgang Amadeus Mozart
für Kinder
Gelesen von Gerhard Tötschinger
mit Musik von Wolfgang
Amadeus Mozart
ISBN 978-3-7844-4078-1

Christiane
Hörbiger
Ich bin der
Weiße Clown
Lebenserinnerungen

LangenMüller

Eine ganz persönliche Bilanz mit Blick auf die großen und
kleinen Momente voller Freuden und Sorgen: Erlebnisse aus
der Kindheit, Erinnerungen an die Eltern Paula Wessely und
Attila Hörbiger, der bewegende Abschied von der Mutter, Er-
folge auf der Bühne, Freude über Film- und Fernsehpreise –
charmant, nachdenklich und humorvoll.

Christiane Hörbiger · Ich bin der Weiße Clown
Mit 117 Abbildungen sowie Verzeichnissen der Theater-, Film- und
Fernsehrollen · ISBN 978-3-7844-3329-5

LangenMüller